OUVRAGE PUBLIÉ SOUS LES AUSPICES
DU MINISTÈRE DE L'INSTRUCTION PUBLIQUE,
SOUS LA DIRECTION DE L. JOUBIN
PROFESSEUR AU MUSÉUM D'HISTOIRE NATURELLE

DEUXIEME EXPEDITION
ANTARCTIQUE FRANÇAISE
(1908-1910)

COMMANDÉE PAR LE

D' JEAN CHARCOT

SCIENCES NATURELLES : DOCUMENTS SCIENTIFIQUES

POISSONS

PAR M. Louis ROULE
Professeur au Muséum d'Histoire Naturelle

AVEC LA COLLABORATION

DE MM. ANGEL ET R. DESPAX
Préparateurs au Muséum

MASSON ET C', ÉDITEURS
120, B" SAINT-GERMAIN, PARIS (VI')
1913

DEUXIÈME EXPÉDITION
ANTARCTIQUE FRANÇAISE

(1908-1910)

COMMANDÉE PAR LE

Dr JEAN CHARCOT

Itinéraire du
"POURQUOI-PAS"
(1908-1910)

Dét. de Magellan
Terre de Feu
Cap Horn
Détroit de Drake
P. Shetlands
I. Décept.
I. Adélaïde
Palmer
T. Alexandre
Terre Charcot

Shetlands du Sud
I. Éléphant
I. Clarence
I. du Roi Georges
Île Bridgmann
Amirauté
I. Snow
I. Décept.
Dét. de Bransfield
I. Smith
Archipel Palmer
Terre Palmer
Terre de Danco
de la Gerlache
Port Lockroy
I. Wandel
I. Petermann
B. Pendleton
Îles Biscoe
Terre de Graham
B. Matha
Île Adélaïde
Terre Loubet
Baie Marguerite
Terre Fallières
Terre Alexandre Ier
Terre Charcot

CARTE DE LA CÔTE OUEST
DE
L' ANTARCTIDE SUD-AMÉRICAINE

J. ADAIEU Div.

CARTE DES RÉGIONS PARCOURUES ET RELEVÉES PAR L'EXPÉDITION

MEMBRES DE L'ÉTAT-MAJOR DU " POURQUOI-PAS»

J.-B. CHARCOT

M. BONGRAIN . . . . Hydrographie, Sismographie, Gravitation terrestre, Observations astronomiques.
L. GAIN . . . . Zoologie (Spongiaires, Échinodermes, Arthropodes, Oiseaux et leurs parasites), Plankton, Botanique.
R.-E. GODFROY . . . . Marées, Topographie côtière, Chimie de l'air.
E. GOURDON . . . . Géologie, Glaciologie.
J. LIOUVILLE . . . . Médecine, Zoologie (Pinnipèdes Cétacés, Poissons, Mollusques, Cœlentérés Vermidiens, Vers
                              Protozoaires, Anatomie comparée, Parasitologie).
J. ROUCH . . . . Météorologie, Océanographie physique, Électricité atmosphérique.
A. SENOUQUE . . . . Magnétisme terrestre, Actinométrie, Photographie scientifique.

OUVRAGE PUBLIÉ SOUS LES AUSPICES DU MINISTÈRE DE L'INSTRUCTION PUBLIQUE

SOUS LA DIRECTION DE L. JOUBIN, Professeur au Muséum d'Histoire Naturelle.

DEUXIÈME EXPÉDITION ANTARCTIQUE FRANÇAISE

(1908-1910)

COMMANDÉE PAR LE

Dʳ JEAN CHARCOT

SCIENCES NATURELLES : DOCUMENTS SCIENTIFIQUES

POISSONS

PAR M. Louis ROULE

Professeur au Muséum d'Histoire Naturelle.

AVEC LA COLLABORATION

De MM. ANGEL et R. DESPAX

Préparateurs au Muséum.

MASSON ET Cⁱᵉ, ÉDITEURS

120, Bᵈ SAINT-GERMAIN, PARIS (VIᵉ)

—

1913

LISTE DES COLLABORATEURS

MM. TROUESSART............ *Mammifères.*
ANTHONY et GAIN ..... *Documents embryogéniques.*
LIOUVILLE .... *Phoques, Cétacés (Anatomie, Biologie).*
GAIN .... *Oiseaux.*
* ROULE.............. *Poissons.*
SLUITER .... *Tuniciers.*
JOUBIN.............. *Céphalopodes, Brachiopodes, Némertiens.*
* LAMY................ *Gastropodes et Pélécypodes.*
VAYSSIÈRE .... *Nudibranches.*
KEILIN.............. *Diptères.*
* IVANOF............. *Collemboles.*
TROUESSART et BERLESE. *Acariens.*
* NEUMANN .... *Pédiculines, Mallophages, Ixodides.*
BOUVIER .... *Pycnogonides.*
COUTIÈRE .... *Crustacés Schizopodes et Décapodes.*
* Mlle RICHARDSON.......... *Isopodes.*
MM. CALMAN.............. *Cumacés.*
DE DADAY............. *Entomostracés.*
* CHEVREUX .... *Amphipodes.*
CÉPÈDE.............. *Copépodes.*
QUIDOR............... *Copépodes parasites.*
CALVET .... *Bryozoaires.*
* GRAVIER .... *Polychètes, Alcyonaires et Ptérobranches.*
HÉRUBEL............. *Géphyriens.*
GERMAIN............ *Chétognathes.*
DE BEAUCHAMP....... *Rotifères.*
RAILLIET et HENRY..... *Helminthes parasites.*
HALLEZ............... *Polyclades et Triclades maricoles.*
* KŒHLER .... *Stellérides, Ophiures et Échinides.*
VANEY .... *Holothuries.*
PAX .... *Actiniaires.*
BILLARD .... *Hydroïdes.*
TOPSENT .... *Spongiaires.*
* PÉNARD .... *Rhizopodes.*
FAURÉ-FRÉMIET....... *Foraminifères*
CARDOT.............. *Mousses.*
* Mme LEMOINE............... *Algues calcaires (Mélobésiées).*
* MM. GAIN................. *Algues.*
MANGIN............. *Phytoplancton.*
PERAGALLO........... *Diatomées.*
HUE .... *Lichens.*
METCHNIKOFF .... *Bactériologie.*
GOURDON............ *Géographie physique, Glaciologie, Pétrographie.*
BONGRAIN........... *Hydrographie, Cartes, Chronométrie.*
* GODFROY .... *Marées.*
MÜNTZ .... *Eaux météoriques, sol et atmosphère.*
* ROUCH .... *Météorologie, Océanographie physique.*
SENOUQUE .... *Magnétisme terrestre, Actinométrie.*
J.-B. CHARCOT........ *Journal de l'Expédition.*

Les travaux marqués d'une astérisque sont déjà publiés.

POISSONS

Par M. Louis ROULE

PROFESSEUR AU MUSÉUM D'HISTOIRE NATURELLE

AVEC LA COLLABORATION DE

MM. ANGEL et R. DESPAX

PRÉPARATEURS AU MUSÉUM

La collection des Poissons recueillis par l'Expédition du « Pourquoi Pas? » renferme de nombreux échantillons. Leur degré de conservation, très inégal, n'a pas permis un examen aussi complet qu'il eût été désirable (1). Toutefois les soins attentifs que leur a portés M. le Dʳ Liouville, naturaliste chargé de préparer cette collection, ont donné des résultats satisfaisants et convenables à l'établissement des diagnoses.

M. le Dʳ Liouville s'est attaché, en outre, à noter les caractères importants des exemplaires frais, notamment les colorations ; il a recueilli ainsi des documents précieux, qui furent d'un grand secours.

La collection comprend vingt-deux espèces, dont la liste suit :

Famille des SCYLLIDÆ.

1. *Scylliorhinus chilensis* Guichenot.

Famille des NOTOTHENIDÆ.

2. *Notothenia coriiceps* Richards.
3. — *tessellata* Richards.
4. — *brevicauda* Lönnberg.
5. — *myxops* Günth., var. *nudifrons* Lönnberg.
6. — *Nicolaï* Boulenger.
7. — *Scotti* Boulenger.
8. *Trematomus Newnesi* Boulenger.
9. — *Borchgrevinki*, Boulenger.
10. — *Hansoni* Boulenger.
11. *Trematomus Bernachi* Boulenger.
12. *Cottoperca macrocephala* nov. sp.
13. *Gerlachea australis* Dollo.
14. *Champsocephalus macropterus* Boulenger.
15. *Harpagifer bispinis* Richards.
16. *Artedidraco Lönnbergi* nov. sp.
17. *Dolloidraco longedorsalis* nov. gen., nov. sp.
18. Larve sp.

(1) Je tiens à remercier d'une façon toute spéciale mes excellents collaborateurs, MM. Angel

POISSONS.

Famille des LIPARIDIDÆ.

19. *Careproctus* sp.?

Famille des LYCODIDÆ.

20. *Phucocœtes latitans* Jenyns. | 21. *Lycodes concolor* nov. sp.

Famille des SCOPELIDÆ.

22. *Myctophum antarcticum* Günther.

Soit treize genres, dont un nouveau, et vingt-deux espèces, dont quatre nouvelles.

Les zones de pêche sont au nombre de deux : 1° les côtes de la Patagonie ; 2° la région antarctique. Le tableau précédent peut donc se dédoubler suivant les attributions géographiques.

1. — CÔTES DE LA PATAGONIE.

Scylliorhinus chilensis Guichenot.
Nothothenia tessellata Richards.

Cottoperca macrocephala nov. sp.
Phucocœtes latitans Jenyns.

2. — RÉGION ANTARCTIQUE.

Notothenia coriiceps Richards.
— *brevicauda* Lönnberg.
— *mizops* var. *nudifrons* Lönnberg.
— *Nicolaï* Boulenger.
— *Scotti* Boulenger.
Trematomus Newnesi Boulenger.
— *Borchgrevinki* Boulenger.
— *Hansoni* Boulenger.
— *Bernachi* Boulenger.

Gerlachea australis Dollo.
Champsocephalus macropterus Boulenger.
Harpagifer bispinis Richards.
Dolloidraco longedorsalis nov. sp.
Artedidraco Lönnbergi nov. sp.
Une larve sp.?
Lycodes concolor nov. sp.
Careproctus sp.?
Myctophum antarcticum Günther.

1. Scylliorhinus chilensis.

1848. SCYLLIUM CHILENSE Guichenot; Peces, *in* Gay, *Historia de Chile*, Paris, p. 362.
1898. SCYLLIORHINUS CHILENSIS Smitt, Poissons de l'Expédition de la Terre de Feu. *Bihang Till K. Sv. Vet.-Akad. Handl*, Bd. XXIV, Afd. IV, n° 5, p. 72.

Un individu femelle accompagné d'œufs extraits de l'utérus, capturé dans la baie Tuesday (Patagonie), au trémail, le 2 février 1910. L'animal que nous avons sous les yeux correspond exactement à la belle figure que M. L. Vaillant a donnée de cette espèce en 1891 :Pl. 1, fig. 1 et suiv. .

et Despax, qui ont consacré leurs efforts à identifier. à mesurer et à dessiner des pièces d'une grande fragilité, dont plusieurs se désagrégeaient au moindre attouchement. (L. R.)

2. Notothenia coriiceps.

1844. Notothenia coriiceps Richardson, Fishes. *Zool. Voy. H. M. S. « Erebus » and « Terror »*, London, p. 5, Pl. III.

Cette espèce est de beaucoup la plus abondante ; elle est représentée dans la collection par de très nombreux exemplaires de taille variée et de provenance diverse.

Les échantillons les mieux conservés présentent les tailles suivantes :

420 millim. de longueur totale, pris dans la baie Marguerite, janvier 1909.

380 —	—	—	—	—
370 —	—	—	île Petermann, baie Circoncision, 24 janvier 1909.
280 —	—	—	Port-Circoncision, 6 janvier 1909.
260 —	—	—	île Petermann, baie Circoncision, mars 1909.
250 —	—	—	—	— fin février 1909.
217 —	—	—	—	— mars 1909.
205 —	—	—	—	Port-Circoncision, 6 janvier 1909.
190 —	—	—	—	baie Circoncision, mars 1909.

Quelques autres exemplaires proviennent de la baie de l'Amirauté (île du Roi-George, Shetlands du Sud). La plupart de ces Poissons ont été pêchés à la senne par des fonds variant de 6 à 20 et 25 mètres.

3. Notothenia tessellata.

1845. Notothenia tessellata Richardson, *Zool. Voy. H. M. S. « Erebus » and « Terror »*, London, p. 19, Pl. XII, fig. 3 et 4.

Deux exemplaires proviennent de Patagonie : baie Tuesday, le 2 février 1910.

Ils sont en très mauvais état, mais l'attribution spécifique paraît exacte.

4. Notothenia brevicauda.

1905. Notothenia brevicauda Lönnberg, *The Fishes of the Swedish South Polar Expedition*, Stockholm, p. 6, Pl. V, fig. 16.

Un seul exemplaire mutilé de cette espèce, sans indication précise de localité.

	Millim.
Longueur totale sans la caudale................	140
Plus grande hauteur du corps......................	36
Hauteur du pédoncule caudal......................	11
Longueur de la tête.............................	44

	Millim.
Largeur de l'espace interorbitaire...................	6
Diamètre de l'œil................................	11
Longueur du museau............................	14

5. Notothenia mizops-nudifrons.

1880. Notothenia mizops, A. Günther, Shore Fishes. *Zool. Voy. H. M. S. « Challenger »*, vol. I, p. 17, Pl. VIII, fig. 1.
1905. Notothenia mizops, var. nudifrons, E. Lönnberg, *Fishes of the Swedish South Polar Expedition*, Stockholm, p. 30, Pl. I, fig. 2.

Cinq exemplaires de cette espèce. Trois proviennent de l'île Déception ; un de la baie de l'Amirauté (île du Roi-George), ce dernier pris dans un dragage effectué le 27 décembre 1909, par 75 mètres, sur fond de vase et de cailloux ; la température du fond était + 0°,2. Un autre provient de l'île Peterman ; pris à la nasse le 2 janvier 1910.

Ils présentent respectivement les dimensions suivantes :

	Millim.	Millim.	Millim.	Millim.	Millim.
Longueur totale du corps (sans caudale).	180	140	110	56,6	53
Plus grande hauteur du corps..........	50	35	25	12	10,8
Hauteur du pédoncule caudal..........	14,2	12	8,5	4,4	4
Longueur de la tête..................	47	40,7	31,3	19,5	16,4
Largeur de l'espace interorbitaire......	4	3	2,8	1,2	1,1
Diamètre de l'œil....................	13	11	9	5,4	5
Longueur du museau.................	15	12	8,6	5	4,2
Longueur de la ventrale..............	31	32	24,4	14	13,9

Il est intéressant de noter la grande taille des deux premiers exemplaires, le plus grand provenant de l'île Peterman, le second du dragage effectué dans la baie de l'Amirauté. Leurs dimensions sont supérieures à celles qu'ont données les auteurs, ou à celles des autres exemplaires en collection. Malgré cela, la détermination spécifique est juste. Ces individus montrent ainsi deux des termes de la taille extrême que cette espèce est capable d'offrir.

M. le Dr Liouville, l'un des naturalistes de l'expédition, qui était plus spécialement chargé de la collection des Poissons, a pris les notes suivantes sur la coloration que présentait le plus grand exemplaire à l'état vivant : Dos et flancs roses ; pectorales, anale et caudale orangées : dorsale marron à taches grises ; sclérotique argentée ; pupille noire.

E. Lönnberg (1905) donne une figure colorée d'un *N. mizops* de petite taille ; son système général de coloration concorde avec les observations prises par M. le Dr Liouville sur un individu de taille supérieure.

6. Notothenia Nicolai.

1902. NOTOTHENIA NICOLAI Boulenger, *Report on the Collection of the « Southern Cross »*, Pisces, p. 184, Pl. XV.

Île Peterman, anse est (pris à la main), fond de 1 mètre.

Nous rapportons à cette espèce un échantillon en très mauvais état. La plupart de ses caractères s'accordent avec ceux de *N. Nicolai* ; il convient de remarquer toutefois que la première dorsale a cinq rayons au lieu de quatre, et que le diamètre de l'œil est un peu plus petit que celui du type, ce diamètre étant à peine supérieur au quart de la longueur de la tête.

	Millim.
Longueur totale (sans la caudale)	135,5
Plus grande hauteur du corps	32
Hauteur du pédoncule caudal	10
Longueur de la tête	40
Largeur de l'espace interorbitaire	5
Diamètre de l'œil	11
Longueur du museau	10
Longueur de la ventrale	30

7. Notothenia Scotti.

1907. NOTOTHENIA SCOTTI Boulenger, *National Antarctic Expedition, Nat. Hist.*, vol. II, Zoology; Fishes, p. 2, Pl. I, fig. 1.

Quatre individus, mesurant respectivement 0m,065, 0m,092, 0m,101, 0m,114 de longueur.

Dragage du 21 janvier 1909, par 230 mètres de profondeur, au large de la baie Marguerite et de l'île Jenny, par 68° L. S. et 70° 20' W. P.

8. Trematomus Newnesi.

1902. TREMATOMUS NEWNESI Boulenger, *Report on the Collection of the « Southern Cross »*, Pisces, p. 177, Pl. XI.

Pris au chalut au cours d'un dragage effectué le 26 décembre 1909, dans l'anse Ouest de la baie de l'Amirauté (île du Roi-George), par 75 mètres, sur fond de vase grise et de cailloux. Température du fond :

+ 0°,2. M. le Dr Liouville a relevé sur cet individu vivant les notes de coloration suivantes : « Ventre argenté, dos chamois, macules grises, cornée argentée, pupille noire. »

	Millim.
Longueur totale (sans la caudale)	103
Plus grande hauteur du corps	23
Hauteur du pédoncule caudal	9
Longueur de la tête	30
Largeur de l'espace interorbitaire	8,5
Diamètre de l'œil	8
Longueur du museau	10
— de la ventrale	24

9. Trematomus Borchgrevinki.

1902. TREMATOMUS BORCHGREVINKI Boulenger, *loc. cit.*, p. 179, Pl. XII.

Deux individus de cette espèce ont été pris fin février 1909 à l'île Peterman, par fond de 20 mètres.

	Millim.	Millim.
Longueur totale (sans la caudale)	230	190
Plus grande hauteur du corps	50	41
Hauteur du pédoncule caudal	20	15,4
Longueur de la tête	60,9	55
Largeur de l'espace interorbitaire	19,3	10,5
Diamètre de l'œil	14,7	13,5
Longueur du museau	17	?
— de la ventrale	?	31,5

10. Trematomus Hansoni.

1902. TREMATOMUS HANSONI Boulenger, *loc. cit.*, p. 180, Pl. XIII.

Quatre exemplaires provenant d'un dragage au chalut, effectué le 27 décembre 1909, dans l'anse ouest de la baie de l'Amirauté (île du Roi-George), par 75 mètres, sur fond de cailloux et de vase grise. Température du fond : + 0°,2.

	Millim.	Millim.	Millim.
Longueur totale (sans la caudale)	100	94	81
Plus grande hauteur du corps	19	17,5	18
Hauteur du pédoncule caudal	6,5	6	6,3
Longueur de la tête	29,6	28,7	24
Largeur de l'espace interorbitaire	5	4	3,5
Diamètre de l'œil	7,4	8	6,5
Longueur du museau	8	7,5	7,2
— de la ventrale	20	23	21,5

11. Trematomus Bernachi.

1902. TREMATOMUS BERNACHI Boulenger, *loc. cit.*, p. 181, Pl. XIV.

Un individu pris à la senne à l'île Peterman, fin février 1909, par fond de 20 à 25 mètres.

	Millim.
Longueur totale (sans la caudale)	240
Plus grande hauteur du corps	50
Hauteur du pédoncule caudal	17
Longueur de la tête	66
Largeur de l'espace interorbitaire	11
Diamètre de l'œil	17,5
Longueur du museau	23,4
— de la ventrale	43,5

12. Cottoperca macrocephala nov. sp.
(Pl. I, fig. 2 ; Pl. III, fig. 4.)

Deux exemplaires pris au trémail dans la baie Tuesday (Patagonie), le 3 février 1910. Numéro dans la collection du Muséum 11,91-11,92.

D 7/22. An. 20. P 7 + 10. V 1 + 5.

DIAGNOSE ESSENTIELLE. — Aspect général trapu, tête volumineuse. Hauteur de la tête au niveau des orbites contenue à peine plus de deux fois dans sa longueur ; cette dernière contenue environ deux fois et demie dans la longueur totale, y compris la caudale. Diamètre orbitaire grand, contenu environ cinq fois et demie dans la longueur de la tête ; longueur du museau inférieure à deux fois le diamètre orbitaire. Espace interorbitaire très concave, sa largeur étant inférieure à la moitié du diamètre orbitaire ; œil surmonté d'un lambeau cutané. Mâchoire supérieure dépassant l'inférieure ; fente de la bouche grande et oblique ; commissure des lèvres arrivant jusqu'au-dessous du milieu de l'orbite. Narine petite, plus proche de l'œil que du bout du museau. Battant operculaire relevé en arrière vers le haut, présentant une épine forte, mais mousse et très enfoncée dans les téguments.

Deux dorsales modérément grandes ; la longueur des plus grands rayons est très inférieure à la hauteur du tronc. Pectorales à dix-sept rayons, dix supérieurs branchus, sept inférieurs simples, ces derniers recouverts par des téguments épais. Ventrales à six rayons ; le premier externe court et simple, les trois suivants bifurqués, les deux derniers internes

POISSONS.

branchus. Les quatre premiers sont recouverts de téguments très épais. Anale à vingt rayons également recouverts par les téguments.

Corps entièrement revêtu d'écailles non denticulées. Écaillure normale sur le tronc ; en avant, et au-dessus de la ligne latérale, des petites écailles, s'intercalant aux autres, troublent la régularité de l'écaillure ; cette disposition s'accentue sur l'occiput. Sur la tête, l'écaillure se modifie ; les écailles, de moins en moins régulièrement imbriquées, finissent, sur la partie antérieure, par former des papilles légèrement en relief. Les mâchoires sont nues. L'œil porte à sa partie supéro-antérieure un groupe de petites écailles, prolongé en arrière par une seule rangée de ces mêmes appendices. En dessous, écailles plus petites que sur les flancs.

DIAGNOSE DIFFÉRENTIELLE. — Cette espèce est voisine de celle qui fut décrite par Günther en 1861 sous le nom d'*Aphritis gobio*. Le genre *Aphritis*, créé par Cuvier et Valenciennes, était un genre hétérogène que Douglas Ogilby (1897, p. 554) démembra en trois genres distincts : *Pseudaphritis* pour l'*Aphritis* de Cuvier et Valenciennes (*Aphritis* ayant été employé antérieurement par Latreille pour désigner un Insecte) ; *Eleginops* pour les *A. porosus* et *undulatus* de Jenyns ; enfin un genre innommé pour l'*A. gobio* de Günther.

Quelques années auparavant, Steindachner (1875, p. 66) avait créé le genre *Cottoperca* pour une espèce, *Cottoperca Rosenbergi*, très voisine de l'*Aphritis gobio* Günther, à tel point que Smitt (1898, p. 13) la considère comme une forme jeune de cette dernière et les réunit toutes deux sous le nom de *Cottoperca gobio*. Il semble préférable de séparer ces deux formes, dans l'état présent des choses, et de les désigner respectivement sous les noms de *Cottoperca gobio* Gunther et *C. Rosenbergi* Steind.

C. macrocephala nov. sp. diffère de *C. gobio* Günther par ses formes plus trapues, principalement par sa tête proportionnellement plus grosse et plus longue, formant presque la moitié de la longueur totale ; par le développement beaucoup moindre de ses nageoires dorsales, dont aucun rayon n'égale la hauteur du corps ; enfin par la brièveté du dernier rayon de la première dorsale, beaucoup plus court que le premier rayon de la seconde dorsale.

C. macrocephala nov. sp. diffère de *C. Rosenbergi* Steind. par sa taille

plus considérable; par ses nageoires dorsales plus grandes; par l'irré-
gularité de son écaillure qui ne se retrouve pas chez *C. Rosenbergi*; par ses
écailles dépourvues de denticulations.

	Millim.	Millim.
Longueur totale (sans la caudale)	360	225
Longueur de la tête (du bout du museau à l'extrémité du battant operculaire)......................	153	80
Hauteur du corps (perpendiculaire passant par la partie postérieure de la première dorsale)........	66	46
Longueur du museau........................	55	30
Diamètre de l'orbite.........................	27	19
Espace interorbitaire........................	11	55
Longueur de la caudale.......................	50	Absente.
Longueur d'un des plus grands rayons de la première dorsale................................	50	29
Longueur d'un des plus grands rayons de la deuxième dorsale	58	26

COLORATION. — Dans l'alcool, la coloration est assez terne : gris
noirâtre en dessus avec quelques macules plus sombres; en dessous
jaunâtre, ainsi que les ventrales et les pectorales. Sur le frais, elle serait, par
contre, des plus brillantes. M. le D' Liouville communique la note suivante
d'après l'animal vivant : « Ventre jaune; anale rose jaunâtre; pectorales,
caudale et dorsales vermillon de Chine. Les flancs, le dos et toute la
région céphalo-branchiale recouverts d'écailles noires à bord arrondi
vermillon. Ces écailles ne sont nettement visibles qu'à partir de la
région abdominale jusqu'au bout de la queue. Mais sur la tête et l'opercule (qui occupent la moitié du corps), une sorte de peau écailleuse,
reproduisant exactement le même dessin, recouvre toute la région ; ici,
toutefois, le croissant vermillon qui bordait les écailles s'élève en une
papille de forme semi-lunaire en relief. De-ci, de-là, sur la région
céphalo-branchiale, comme sur les régions abdominale et caudale, apparaît
une écaille jaune-soufre : ces écailles ne présentent point de symétrie entre
elles; elles sont très peu nombreuses (peut-être une dizaine en totalité).
La cornée de l'œil est, à la partie supérieure, pourvue des mêmes papilles en relief, à croissant vermillon sur fond noir. La pupille est rouge
à reflets métalliques dorés. Le bord iridien forme un mince liséré orange.
L'iris est noir bleuâtre. Les lèvres de la bouche sont rouges. Toutes les
membranes, qui sont tendues par les arcs branchiostèges, concentrent leur

teinte vermillon à la partie supérieure, tandis qu'elles vont en dégradant
cette nuance vers la partie ventrale du corps, où elles sont transparentes
avec un reflet nacré d'aponévrose. »

Si l'on compare cette minutieuse notation des couleurs aux rensei-
gnements beaucoup plus succincts que donnent les auteurs sur la coloration des espèces voisines, on voit que cette espèce s'en rapproche suffi-
samment. Ainsi L. Vaillant (1891, p. 28) écrit à propos de *Cottoperca Rosenbergi* Steind : « La couleur de cet animal serait d'un beau rouge sur les
parties supérieures, blanche ou jaunâtre sur le ventre avec des taches
d'un brun-sépia ; c'est le système de coloration des *Cottes* et des *Scorpènes.*
Iris vert. »

Au sujet de *C. Gobio* Günther, Günther (1880, p. 21) écrit, en se rap-
portant aux notes du D' Cunningham : « Above dusky brown, sides paler,
blotched coith brown and orange yellow ; under surface of head, breast
and belly orange yellow. »

Lönnberg (1905, p. 8) donne la coloration suivante pour *C. Gobio*
Günther : « Yellowish brown with reddish brown and darker blotches ;
iris emerald green ».

13. Gerlachea australis.
(Pl. I, fig. 1 ; Pl. II, fig. 1 et 2 ; Pl. III, fig. 5.)

1900. GERLACHEA AUSTRALIS Dollo, *Bull. Acad. roy. de Belgique* (Sciences), p. 194.
1904. GERLACHEA AUSTRALIS Dollo, *Résultats du voyage du « Belgica »*, Zoologie, Poissons, p. 25, Pl. II, fig. 1, et Pl. V, fig. 2.

Quatre individus pris dans un dragage effectué le 12 janvier 1910
par 460 mètres de profondeur sur fond de vase et de cailloux, en lisière
de la banquise ; 70° 10′ L. S. et 80° 50′ G. W. P. (Numéro Collection du
Muséum 11.93-11.94-11.95-11.96).

Le « Pourquoi Pas? » a donc recueilli quatre exemplaires de cette forme
intéressante. Le genre et l'espèce ont été créés par Dollo d'après un
seul individu provenant de l'expédition de la « Belgica » (1904). L'étude
de nos échantillons permet ainsi de compléter quelques-unes des indica-
tions qui furent données par le naturaliste belge.

Le corps est allongé, légèrement comprimé en arrière.

Tête à museau allongé, aplati verticalement, spatuliforme ; bouche assez petite ; commissure buccale ne parvenant pas à l'œil.

Dents petites, seulement sur les mâchoires ; pas de dents aux vomers ni aux palatins.

Yeux grands, espace interorbitaire étroit ; opercule inerme, bordé d'une expansion cutanée. Six rayons branchiostèges. Écailles petites, cycloïdes, uniformément imbriquées.

Deux lignes latérales ; la principale, dorsale, commençant en avant de la base des pectorales et s'arrêtant au niveau de la fin de la dorsale, semblable et symétrique des deux côtés. La deuxième ligne latérale, asymétrique, plus courte d'ordinaire à droite qu'à gauche, de longueur variable suivant les individus, commence au niveau du début de l'anale, et s'étend parallèlement à cette nageoire, à une faible distance d'elle, plus ou moins loin suivant les individus, tantôt de façon continue, tantôt de façon discontinue. Sa longueur peut égaler parfois la moitié de celle de la ligne dorsale, tantôt tomber à mesurer moins de 1/10.

Une seule dorsale très longue, à rayons simples et souples, commençant vers le premier quart des pectorales, et finissant non loin de la base du pédoncule caudal. Anale à rayons simples, flexibles, entourés par des téguments assez épais, longue, s'arrêtant comme la dorsale, mais un peu plus loin qu'elle, vers la base du pédoncule caudal.

Caudale faiblement échancrée, à lobes arrondis. Pectorales grandes, à rayons branchus, à pointe atteignant le début de l'anale.

Ventrales à six rayons, plus courtes que les pectorales. L'intervalle compris entre la base des ventrales et l'anus égale environ le double de la longueur des ventrales :

Dimensions de l'un des exemplaires :

	Millim.
Longueur du corps	179
Hauteur du corps	24
Longueur de la tête	53
— du bout du museau à l'œil	21
Largeur du museau vers son milieu	11
Diamètre de l'œil	12
Espace interorbitaire	4
Distance du bout du museau à l'anus	90
Longueur des pectorales	40
— des ventrales	28

	Millm.
Longueur de l'anale	75
— de la dorsale	100
— de la caudale	23

Trois des échantillons rapportés par le « Pourquoi Pas ? » sont des femelles, arrivées à leur maturité sexuelle, et dont l'époque de ponte doit être tout à fait proche. Les ovaires ont été extraits du corps de deux d'entre elles; ils forment deux masses volumineuses, ovoïdes, allongées et aplaties sur leurs faces en contact.

Les œufs qu'ils contiennent sont de taille relativement considérable; leur diamètre varie de $2^{mm},5$ à 3 millimètres. Les parois abdominales de la femelle dont on avait laissé les ovaires en place sont distendues par les œufs. L'animal prend une forme toute particulière, très épaissie en avant et sur la face ventrale, contrastant brusquement avec la queue amincie et comprimée latéralement.

COLORATION DANS L'ALCOOL. — Couleur générale grisâtre, à grandes macules noires transversales sur les flancs, quatre en arrière des pectorales, une tache noire à la base des pectorales et en arrière de l'opercule, une autre tache noire barrant obliquement d'avant en arrière le battant operculaire. Dessus de la tête de couleur gris foncé, pourtour de l'œil noirâtre. Nageoire dorsale brunâtre avec les extrémités libres des rayons non teintés. Anale blanc jaunâtre très clair. Caudale gris foncé, presque noire à son extrémité libre; pectorales grisâtres. Ventrales jaune clair, maculées de foncé et de noir sur leur bord externe et à leur extrémité libre. Le nombre et la position des taches sombres s'accordent bien avec la description donnée par Dollo.

Les exemplaires frais auraient des teintes beaucoup plus vives. M. le Dr Liouville a pris les notes de coloration suivantes : « Corps rose violacé détaillé de noir; ventre blanc, nacré, à fines granulations noires. Sclérotique argent; pupille marron noir très foncé (aspect de velours ou de suie). Nageoires : dorsale noire, anale transparente, caudale grise à nervures foncées, pectorales transparentes à nervures gris foncé. Opercule argenté à reflets verts. Tout le museau lie de vin, dégradant avec le vert de l'opercule et l'argent des yeux. Macules : sur le tronc, une tache en forme de croissant; sur la queue, trois autres taches de forme irrégulière;

toutes gris foncé se dégradant en clair sur les bords pour se fondre avec le rose du fond. Le dessous du museau argenté, les nervures inférieures de l'opercule nacrées, la membrane transparente laissant voir les branchies rouge carminé. »

14. Champsocephalus macropterus.

1907. Champsocephalus macropterus Boulenger, *National Antarctic Expedition. Nat. Hist.*, vol. II ; Zool., Fishes, p. 3, Pl. II.

Un seul exemplaire de cette espèce caractéristique, mesurant 121mm,5 de longueur, pris à 230 mètres de profondeur, le 21 janvier 1909, par 68° L. S. et 70° 20′ G. W. P.

15. Harpagifer bispinis.

1844. Harpagifer bispinis Richardson, Fishes. *Zool. Voy. H. M. S. « Erebus » « and « Terror »*, London, p. 11, Pl. VII, fig. 1-2.

Un exemplaire pris sous les roches du littoral, le 26 décembre 1909, dans la baie de l'Amirauté, île du Roi-George, Shetlands du Sud.

Cette espèce est indiquée par les auteurs comme appartenant à la région magellanique. Cependant l'Expédition du « Français » (Vaillant, 1907) l'avait déjà rapportée des îles Booth-Wandel et de l'île Wiencke. La capture par le « Pourquoi Pas? » d'un autre individu dans la région antarctique véritable est un fait intéressant à noter.

16. Artedidraco Lönbergi nov. sp.
(Pl. IV, fig. 4.)

Un seul individu, pris, avec l'espèce suivante, à 230 mètres de profondeur, le 21 janvier 1909, par 68° 00′ L. S. et 70° 20′ G. W. P., au large de la baie Marguerite et de l'île Jenny.

Cette espèce est dédiée à M. le Pr A. E. G. Lönnberg, de Stockholm, fondateur du genre *Artedidraco* (1905) :

D 3/27   A 21   P 14   V 5.

Diagnose essentielle. — Dimensions. — La longueur du corps, caudale non comprise, mesure 75 millimètres.

Proportions. — Corps élancé ; la hauteur du tronc fait environ le septième de la longueur du corps, caudale non comprise.

Tête relativement étroite ; sa largeur, au niveau du battant operculaire, fait les trois quarts de sa longueur. Espace interorbitaire fort étroit, presque nul. Yeux grands ; leur diamètre mesure un peu plus du tiers de la longueur de la tête.

Première dorsale à trois rayons, dont le premier et le deuxième beaucoup plus longs que le troisième ; sa hauteur égale sensiblement celle de la seconde dorsale. Celle-ci ne s'étend pas en arrière jusqu'à la caudale et dégage en partie le pédoncule caudal. — Caudale mesurant environ le cinquième de la longueur totale du corps entier. — Anale longue, étendue jusqu'au début de la caudale. — Pectorales relativement courtes, n'atteignant pas le début de l'anale.

Coloration (dans l'alcool). — Teinte générale d'un jaune brunâtre assez clair. Nageoires de couleur gris jaunâtre. Des macules d'un gris foncé sur la tête, le dos et les flancs.

Diagnose différentielle. — Le genre *Artedidraco* renferme deux séries d'espèces. La première série contient *A. mirus* Lönnb. et *A. Scottsbergi* Lönnb. ; elle est caractérisée par sa possession d'une première dorsale à trois rayons et par le chiffre relativement minime des rayons de la deuxième dorsale (23-25) et de ceux de l'anale (17-19). La seconde série renferme seulement *A. Shakletoni* Waïte : son caractère principal porte sur le nombre plus élevé des rayons de la première dorsale (5), de ceux de la deuxième dorsale (27) et de ceux de l'anale (20).

La présente espèce, *A. Lönnbergi* nov. sp., se rapproche d'*A. Shakletoni* W. par le nombre des rayons de la deuxième dorsale (27) et de ceux de l'anale (21) ; mais elle présente avec la première série des affinités plus étroites encore, car sa première dorsale ne porte que trois rayons.

En outre, elle diffère d'*A. mirus* Lönnb. et d'*A. Scottsbergi* Lönnb. par d'autres particularités complémentaires. Son corps est plus étroit, plus élancé ; ses yeux sont plus grands ; sa première dorsale est plus haute ; sa deuxième dorsale ne s'unit pas avec le début de la caudale par un repli tégumentaire ; ses pectorales sont plus courtes.

Observation. — Cette espèce est remarquable non seulement en ce qu'elle constitue un type mixte parmi les espèces déjà connues du genre *Artedidraco*, mais aussi en ce qu'elle accomplit, à de certains égards, un passage vers le genre suivant *Dolloidraco*. Elle s'écarte des trois autres espèces d'*Artedidraco* et se rapproche de *Dolloidraco* par sa première dorsale haute et par sa deuxième dorsale, qui n'atteint pas la caudale. Peut-être devrait-on la considérer comme appartenant à un autre genre, non décrit encore. Mais, n'ayant à ma disposition qu'un seul exemplaire, j'estime qu'il convient de réserver cette question.

DOLLOIDRACO nov. gen.

Ce genre appartient à la famille des Notothénidés. Il est dédié à M. le Pr L. Dollo (de Bruxelles), qui a publié, sur les Poissons antarctiques, des ouvrages justement réputés.

DIAGNOSE ESSENTIELLE. — Corps cottoïde, assez élancé.

Tête grosse. Membrane branchiostège largement unie à l'isthme. Vomer non denté. Pièces operculaires inermes. Angle postéro-supérieur du battant operculaire terminé par une pièce mince et plate, transparente, rigide, très saillante, en forme de cuilleron. Un barbillon infra-mandibulaire terminé en pointe mousse, peu ou pas renflée.

Deux dorsales élevées. Première dorsale étroite et longue, à trois rayons inégaux dont les derniers sont les plus longs, à base beaucoup plus courte (deux à trois fois au moins) que l'intervalle qui la sépare du début de la seconde dorsale, à sommet s'élevant au-dessus du niveau de celui de la second dorsale. Celle-ci laisse libre en arrière une partie du pédoncule caudal.

Pédoncule caudal libre presque entièrement. Caudale étroite et longue, faisant à elle seule près du quart de la longueur totale.

Anale élevée, relativement courte, à quatorze ou quinze rayons, interrompue en arrière de manière à laisser libre le pédoncule caudal.

DIAGNOSE DIFFÉRENTIELLE. — Ce genre appartient à la série qui contient déjà *Harpagifer* et *Artedidraco*. Cette série mériterait, tellement ses caractères propres ont de l'importance, d'être élevée au rang de famille, celle des *Harpagiféridés*, que l'on séparerait des autres *Notothénidés*. Du reste, la famille actuelle des Notothénidés mérite à son tour, en raison de son extension croissante d'après les progrès de l'ichtyologie antarctique, de passer au rang de tribu sous le nom de *Nototheniformes*.

Dolloidraco se rapproche d'*Harpagifer* par le corps cottoïde et la membrane branchiostège largement unie à l'isthme. Il en diffère par les opercules inermes, par la présence de la pièce operculaire en cuilleron et par la possession d'un barbillon infra-mandibulaire.

Dolloidraco se rapproche davantage d'*Artedidraco*, qui possède aussi des opercules inermes, le barbillon et la pièce operculaire en cuilleron. Mais il en diffère par les dimensions plus considérables de cette dernière et par les dispositions de ses nageoires impaires. Les dorsales et l'anale de *Dolloidraco* sont plus hautes et plus courtes que leurs similaires d'*Artedidraco*; elles dégagent en arrière le pédoncule caudal; en avant, la première dorsale se dresse sous la forme d'un appendice étroit et long, à trois rayons, dont le deuxième et le troisième sont plus hauts que le premier.

17. Dolloidraco longedorsalis nov. sp.
(Pl. IV, fig. 1, 2, 3.)

Six exemplaires pris, à 230 mètres de profondeur, le 21 janvier 1909, par 68° 00′ L. S. et 70° 20′ G. W. P., au large de la baie Marguerite et de l'île Jenny :

D 3/22-25   A 14-15   P 16-17   V 6   C 12.

DIAGNOSE. — Caractères du genre.

DIMENSIONS. — Longueurs respectives du corps (caudale non comprise) chez les six individus : 89 millimètres, 85 millimètres, 85 millimètres, 79 millimètres, 77 millimètres, 72 millimètres.

PROPORTIONS. — Hauteur du tronc égalant environ le sixième de sa longueur (caudale non comprise).

Longueur de la tête mesurant un peu plus de deux fois et demie la longueur du corps (caudale non comprise). Largeur, prise au niveau du battant operculaire, sensiblement égale à sa longueur. Diamètre de l'œil égalant presque le tiers de celui de la tête. Espace interorbitaire étroit, mesurant moins du dixième de la longueur de la tête. Longueur du barbillon égalant près de la moitié de la longueur de la tête ; le barbillon, rabattu en arrière, dépasse de peu le milieu de l'œil.

Première dorsale à trois rayons, le premier plus court que le deuxième et le troisième, ceux-ci égaux en hauteur ou peu inégaux ; rabattue en arrière, cette dorsale atteint le sixième ou le septième rayon de la seconde dorsale. Ventrales courtes, n'atteignant pas l'anale. Pectorales dépassant en arrière le début de l'anale.

COLORATIONS (dans l'alcool). — Teinte générale jaune brun clair, avec macules brun rougeâtre.

Tête montrant une tache foncée sous l'orbite, une autre sous l'opercule.

Nageoires impaires d'un gris jaunâtre clair, avec macules brun foncé plus ou moins larges et nombreuses. Première dorsale de couleur presque entièrement foncée ; deuxième dorsale gris jaunâtre, avec sommets des rayons foncés ; caudale avec base foncée, et vergetures brunes vers son extrémité ; anale avec base foncée. Ventrales de teinte grise. Pectorales de teinte grise, vergetées de bandes verticales foncées.

VARIATIONS. — Les variations portent sur la largeur de l'espace inter-orbitaire et sur le nombre des rayons des nageoires.

L'espace interorbitaire est toujours étroit. Sa largeur ne dépasse point le dixième de la longueur de la tête ; mais elle peut descendre jusqu'au trentième de cette longueur. Dans ce dernier cas, les orbites se touchent presque ; ailleurs, cet espace est appréciable, comme le montre l'individu figuré (Pl. IV, fig. 3).

Sur les six individus, les nombres des rayons de la première dorsale (3) et des ventrales (6) sont constants. Celui des rayons de la deuxième dorsale est de vingt-deux sur un individu, de vingt-trois sur quatre autres, de vingt-cinq sur le dernier. Celui des rayons de l'anale est de quatorze sur deux individus, de quinze sur les quatre autres. Celui des rayons des pectorales est habituellement de seize, sauf sur un exemplaire, qui en a dix-sept ; ce même exemplaire est de ceux qui portent quinze rayons à l'anale et vingt-trois rayons à la seconde dorsale.

POISSONS.

18. Larve sp. ?
(Pl. III, fig. 1, 2, 3.)

Prise au filet bathypélagique à grande ouverture, par 69° 15′ L. S. et 108° 5′ G. W. P. Numéro dans la Collection du Muséum : 11.97.

Corps transparent, allongé, étroit, la plus grande épaisseur étant immédiatement en arrière de l'œil et au niveau de la région operculaire. Tête longue, déprimée verticalement, semblable à celle de *Gerlachea* et des genres voisins; yeux grands, très saillants ; les nageoires impaires en mauvais état n'ont pas été conservées dans leur intégrité. Il semble cependant, d'après les lambeaux, que la nageoire dorsale commence vers le milieu du corps, et s'étend jusqu'à l'extrémité postérieure, où elle s'unit à la caudale. La nageoire anale débute très en avant, étant donnée la situation antérieure de l'anus, et s'étend en arrière pour s'unir à la caudale comme la dorsale. La caudale est fortement échancrée, divisée en deux lobes presque distincts. Les pectorales sont très petites et à peine visibles ; les ventrales manquent.

	Millim.
Longueur totale.	60
— de la tête.	9,6
Diamètre de l'œil.	1,9
Plus grande hauteur du corps.	3,3
Distance du bout du museau au bord postérieur de l'œil.	6,4
— à la nageoire pectorale.	9,2
— à l'anus.	16,8
— à la partie antérieure de la dorsale.	31,5
— à la partie antérieure de l'anale.	44,2
Longueur de la caudale.	3,2
— de la pectorale.	1,2

Il est impossible, dans les conditions où se présente cet unique échantillon, de présumer quoi que ce soit au sujet de son attribution. On ne saurait faire en lui la part des caractères embryonnaires, celle des caractères définitifs, enfin celle des absences d'organes réelles ou accidentelles. On ne peut faire état que de l'allure générale, et principalement de la forme curieuse de la tête qui font ressembler cette larve aux *Notothenidæ* des genres *Gerlachea*, *Racovitzaia*, *Cryodraco*. Il se pourrait que cet individu soit vraiment une phase larvaire de l'un de ces genres. Les conditions de lieux sont favorables à cette hypothèse. Il est donc intéressant de mentionner et de décrire cet individu, mais sans insister.

19. Careproctus sp.

Dragage effectué le 26 décembre 1909, au milieu de la baie de l'Amirauté, île du Roi-George, par 420 mètres, sur fond de vase et de cailloux. Température du fond : $+0°,3$.

L'échantillon, en très mauvais état, doit être rapporté à ce genre, mais toute détermination spécifique est impossible.

20. Phucocœtes latitans.

1842. PHUCOCŒTES LATITANS Jenyns, Fishes. *Voy. H. M. S. « Beagle »*, London, p. 168.

Un grand individu de cette espèce pris au trémail dans la baie Tuesday (Patagonie), le 3 février 1910.

21. Lycodes concolor nov. sp.
(Pl. II, fig 3; Pl. III, fig. 6.)

Shetlands du Sud. — Un seul exemplaire. Numéro dans la Collection : 11-99.

D 73, A 68, V 2.

DIAGNOSE ESSENTIELLE. — Tête déprimée, large ; sa plus grande largeur est contenue un peu plus d'une fois et demie dans sa longueur : cette dernière est contenue un peu plus de six fois et demie dans la longueur totale. Museau arrondi, obtus ; la mâchoire supérieure dépasse l'inférieure. Diamètre orbitaire (beaucoup plus grand que le diamètre apparent de l'œil, celui-ci étant partiellement recouvert par la peau) égal au quart de la longueur de la tête. Œil placé un peu obliquement vers le haut ; espace interorbitaire plus petit que le diamètre orbitaire. Mâchoires supérieures et inférieures présentant des pores placés dans des enfoncements distincts des téguments. Bouche petite, la commissure des mâchoires arrive à peine au niveau du bord postérieur de l'orbite.

Mâchoires garnies de nombreuses dents sur plusieurs rangées irrégulières, un peu plus nombreuses et plus grandes à la partie antérieure de la mâchoire supérieure ; un très petit groupe de dents sur le vomer ; une dent isolée sur les palatins, difficile à découvrir, enfoncée dans la muqueuse buccale. Membrane branchiale largement soudée à l'isthme, supportée par six rayons branchiostèges.

Nageoires ventrales très petites, très courtes, inférieures au quart de la longueur des pectorales, seulement formées de deux rayons, situées très en avant, au niveau de la partie inférieure de la fente operculaire.

Corps assez comprimé latéralement, couvert d'une peau uniformément brunâtre, présentant sur les deux tiers postérieurs de petites taches plus claires, rondes, d'autant plus nombreuses qu'on se rapproche de la partie caudale, et qui correspondent en réalité à des écailles vestigiaires.

DIAGNOSE DIFFÉRENTIELLE. — Cette espèce est voisine de *Lycodes variegatus* Gunther. Elle s'en rapproche par le nombre des rayons des nageoires, par la forme générale de la tête, par la présence des taches arrondies sur les téguments. Elle en diffère par les ventrales, beaucoup plus réduites, par la tête plus large, par les dents sur plusieurs rangs, enfin par la coloration uniforme.

Cette espèce de *Lycodes* se rapproche essentiellement des espèces boréales et s'éloigne des *Iluocœtes* et *l'hucocœtes* antarctiques.

	Millim.
Longueur totale	175
— de la tête	26
Plus grande largeur de la tête	16
Plus grande hauteur du corps	15,3
Diamètre orbitaire	6,5
Espace interorbitaire	4,9
Distance de l'extrémité du museau à l'œil	7,5
Longueur des ventrales	3,5
— des pectorales	16
— de l'anale	110
— de la dorsale	142

22. Myctophum antarcticum.

1878. SCOPELUS ANTARCTICUS Günther, *Ann. Mag. Nat. Hist.*, 5ᵉ série, t. II, p. 184.
1887. — — *Reports of the « Challenger »*, Zool., vol. XXII, Deep Sea Fishes, p. 196, Pl. LI, fig. D.
1905. MYCTOPHUM ANTARCTICUM Lönnberg, *Fishes of the Swedish South polar Exped.*, p. 60.

1906. Myctophum antarcticum Brauer, *Wissenchaft. Ergebnisse der deutschen Tiefsee Exped.* « *Valdivia* », Bd. XV, Lief. 1, p. 168, fig. 82 *a-c*.

Un individu provenant d'un dragage effectué le 27 décembre 1909 dans l'anse ouest de la baie de l'Amirauté, île du Roi-Georges, par 75 mètres, sur fond de vase grise et de cailloux. Température du fond + 0°,2.

	Millim.
Longueur du corps	85
Plus grande hauteur du corps	20
Plus petite hauteur du corps	6,8
Distance du bout du museau aux ventrales	33,8
— — à la dorsale	41,4
— — à l'anale	48
Longueur de la tête	23,2
— du museau	3,9
Diamètre de l'œil	8,8
Longueur de la dorsale	14,5
— de l'anale	24

APPENDICE

En comparant cette collection à celles qui ont déjà été décrites, on s'aperçoit que la faune ichtyologique littorale des régions antarctiques offre tous les caractères d'une assez grande uniformité. Ainsi, et pour se borner à un exemple significatif, les quatre espèces du genre *Trematomus*, jadis signalées par Boulenger (1902) comme provenant du quadrant australien en dedans du cercle polaire, ont été retrouvées par le « Pourquoi Pas? » dans le quadrant américain, et en dehors du cercle. Ce fait contribue à démontrer que les aires de dispersion de ces espèces peuvent s'étendre à l'ensemble de la zone antarctique, et que le cercle polaire ne constitue pas une limite biologique.

Cette uniformité se maintient au sujet de la faune plus profonde. Les seules espèces ramenées par le « Pourquoi Pas? » sont : *Myctophum antarcticum* Günth. et *Gerlachea australis* Dollo, déjà draguées dans des conditions identiques, ou peu différentes.

Les individus les plus nombreux et les espèces dominantes appartiennent à la famille des *Notothenidæ*. Cette famille, comme le fait remarquer Dollo (1904), est caractéristique de la faune antarctique ; elle manque totalement à l'hémisphère boréal. La théorie de la bipolarité n'est donc pas acceptable en ce qui concerne les poissons polaires prédominants. Il ne faudrait point, toutefois, repousser cette théorie de façon complète. Le « Pourquoi Pas? » a rapporté plusieurs espèces de *Lycodidæ*. L'une d'elles, prises sur les côtes de la Patagonie, appartient vraiment au genre austral *Phucocætes*. Mais une autre (*L. concolor* nov. sp.) entre nettement dans le genre boréal *Lycodes* s. str. Comme ce dernier ne paraît montrer ailleurs aucun représentant, il en résulterait pour lui une bipolarité manifeste, sauf réserve tenant aux circonstances présentes (un seul exemplaire de l'espèce australe, et dont la provenance n'est pas connue en détail).

La faune antarctique, quant aux Poissons, se rattache à celles des provinces magellaniques et australiennes. Elle serait pourtant moins variée comme genres et comme espèces.

Ces divers faits conduisent à formuler plusieurs conclusions, semblables pour la part principale à celles que Dollo (1904) a déjà exposées. La faune des Poissons antarctiques offre un caractère résiduel et régressif. Elle est un reliquat. Elle paraît équivaloir à la persistance, plus ou moins modifiée, d'une faune ancienne plus riche, dont l'aire de dispersion, plus vaste de beaucoup, couvrait une grande étendue de la zone australe, conformément à l'opinion d'Osborn, qui suppose l'existence d'une Antarctide tertiaire reliant la Patagonie à l'Australie. Cette faune est composée de plusieurs éléments introduits peut-être à des époques différentes ; les principaux, qui sont aussi les plus anciens sans doute, vraiment autonomes, ne montrent aucune bipolarité ; à côté d'eux vivent quelques formes sporadiques, bipolaires, dont la venue pourrait être plus récente.

INDEX BIBLIOGRAPHIQUE

1902. BOULENGER. — *Report on the Collections of Natural History made in the antarc-tic regions during the voyage of the « Southern Cross »*, London, 1902. Pisces, p. 174. Pl. XI à XVIII.

1907. BOULENGER. — Fishes; *National Antarctic Expedition, Natural History*, vol. II, Zoology, London, 1907, p. 1-3, 2 pl.).

1906. BRAUER. — Die Tiefsee Fische (*Wissenschaftliche Ergebnisse der deutschen Tiefsee Expedition auf dem Dampfer « Valdivia »*, 1898-1899, Bd. XV, 1te Lief..1 Systematischer Teil, Iena).

1872. CASTELNEAU (F. DE). — *Contribution to the Ichthyology of Australia; Proceedings of the Zoological and Acclimatisation Society of Victoria*, 1872, p. 1.

1900. DOLLO (L.). — *Bulletin de l'Académie royale de Belgique* (Sciences), 1900.

1904. DOLLO (L.). — Résultats du voyage du « S. Y. Belgica » en 1897-1898-1899. Rapports scientifiques. Zoologie. Poissons. Anvers.

1908. DOLLO (L.). — *Notolepis coatsi*, Poisson pélagique nouveau, recueilli par l'Expédition antarctique écossaise, Edinburgh (*Proceedings Royal Society*, 1908, 58-65).

1909. DOLLO (L.). — *Cynomacrurus piriei*, Poisson abyssal nouveau recueilli par l'Expédition antarctique écossaise (*loc. cit.*, 1909, 310-326).

1909. DOLLO (L.).— *Nematonurus Lecointei*, Poisson abyssal de la « Belgica », retrouvé par l'Expédition antarctique écossaise (*loc. cit.*, 1909, 488-498).

1897. DOUGLAS-OGILBY (J.). — Note on the genus Aphritis C. V. (*Proceedings of the Linnean Society of new South Wales*, série 2, t. XXII, 1897, Sydney).

1861. GILL (TH.). — Synopsis of the Notothenioids (*Proceedings of the Academy of Natural Sciences of Philadelphia*, p. 13, 1861, p. 512, Philadelphia).

1861. GUNTHER (A.). — *Aphritis gobio* nov. sp. (*Annals and Magazine of Natural History*, 1861, 3e série, t. VII, p. 88).

1880. GUNTHER (A.). — *Report on the Scientific results of the exploring voyage of H. M. S. « Challenger »* (1873-1876), vol. I. Zoologie ; Shore Fishes.

1881. GUNTHER (A.). — *Zoological Collections made during the Survey of H. M. S. « Alert »*, in the Straits of Magellan and on the coast of Patagonia. Reptiles, Batrachians and Fishes (*Proceedings Zoological Society*, 1881, p. 18).

1887. GUNTHER (A.). — *Report on the Scientific results of the exploring voyage of H. M. S. « Challenger »* (1873-1876), vol. XXII, Deep Sea Fishes.

1842. JENYNS (L.). — *The Zoology of the voyage of H. M. S. « Beagle »*, part. IV, Fishes, London, 1842.

1905. LÖNNBERG (E.). — *The fishes of the swedish South polar Expedition; Wissenschaftliche Ergebnisse der swedischen Südpolar Expedition 1901-1903 unter Leitung von Dr O. Nordenskjöld*, Bd. V, Lief. 6, 66 p., 5 pl., Stockholm.

1898. PLATE (L.). — Fauna chilensis (*Zoologische Jahrbücher*, Supplement, Bd. IV, 1898.

1844-1848. RICHARDSON and GRAY. — *Zoology of the voyage of H. M. S. « Erebus » and « Terror »* (1839-1843), t. II, Fishes.

1911. Roule (L.). — Sur quelques particularités de la Faune antarctique d'après la collection des Poissons récemment recueillis par l'Expédition française du « Pourquoi Pas ? » (*Comptes rendus de l'Académie des sciences*, t. CLIII, n° 1, juil. 1911, p. 80).

1911. Roule (L.) et Despax (R.). — Note préliminaire sur les Poissons antarctiques recueillis par l'Expédition française du « Pourquoi Pas ? » (*Bulletin du Muséum*, séance du 29 juin 1911).

1897-98 Smitt (F.-A.). — Poissons de l'expédition scientifique à la Terre de Feu sous la direction du Dr O. Nordenskjöld, recueillis par le Dr A. Ohlm et M. Akerman. 1. Nototheniæ (*Bihang till. Kongl. swenska vetenskaps Akad. Handlingar.*, Stockholm, t. XXIII, 1897, Afd. IV, n. 3).
— II. Autres familles (*loc. cit.*, t. XXIV, 1898, Afd. IV, n. 5).

1875. Steindachner. — Ichthyologische Beiträge (III) (*Sitzungsberichte der kaiserliche Akademie der Wissenschaften zu Wien*, t. LXXII ; *Mathematische Naturwissenschaftliche*, 1875).

1891. Vaillant (L.). — *Mission scientifique du Cap Horn* (1882-1883), t. VI, Zoologie. Poissons, 1891, Paris.

1906. Vaillant (L.). — La Faune des Poissons de la région polaire antarctique, Paris (*Comptes rendus du Congrès des Sociétés savantes*, 1906, p. 168-170).

1907. Vaillant (L.). — Poissons de l'Expédition antarctique française (1903-1905) commandée par le Dr Jean Charcot, Paris, 1907.

1911. Waite (E.-R.). — *British Antarctic Expedition* (1907-1909), vol. II, Biology; part. II, Antarctic Fishes,

EXPLICATION DES PLANCHES

PLANCHE I

Fig. 1. — *Gerlachea australis* Dollo $\left(\frac{1}{1}\right)$.

Fig. 2. — *Cottoperca macrocephala*, nov. sp. $\left(\frac{1}{1}\right)$.

PLANCHE II

Fig. 1. — *Gerlachea australis* Dollo; femelle à maturité sexuelle, face latérale $\left(\frac{4}{5}\right)$.

Fig. 2. — *Gerlachea australis* Dollo; femelle à maturité sexuelle, face ventrale $\left(\frac{4}{5}\right)$.

Fig. 3. — *Lycodes concolor*, nov. sp. $\left(\frac{1}{1}\right)$.

Fig. 3 a. — *Lycodes concolor*; face ventrale de l'extrémité antérieure du corps.

Fig. 3 b. — *Lycodes concolor*; dentition.

PLANCHE III

Fig. 1. — Larve de *Notothenidæ*? $\left(\frac{3}{1}\right)$.

Fig. 2. — Tête et portion antérieure de la larve de *Notothenidæ* $\left(\frac{5}{1}\right)$.

Fig. 3. — Extrémité caudale de la larve précédente $\left(\frac{15}{1}\right)$.

Fig. 4. — Écaille de *Cottoperca macrocephala*; côtés, vers le milieu du tronc.

Fig. 5. — Écaille de *Gerlachea australis*; — — —

Fig. 6. — Écaille de *Lycodes concolor*; — — —

PLANCHE IV

Fig. 1. — *Dolloidraco longedorsalis* nov. sp., vu de profil $\left(\frac{1,5}{1}\right)$.

Fig. 2. — *Dolloidraco longedorsalis* nov. sp., vu par la face ventrale $\left(\frac{1,5}{1}\right)$.

Fig. 3. — Tête de *Dolloidraco longedorsalis* nov. sp., vue par-dessus $\left(\frac{1,5}{1}\right)$.

Fig. 4. — *Artedidraco Lönnbergi* nov. sp. $\left(\frac{1}{1}\right)$.

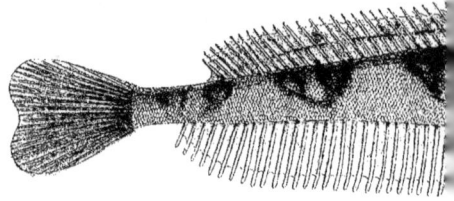

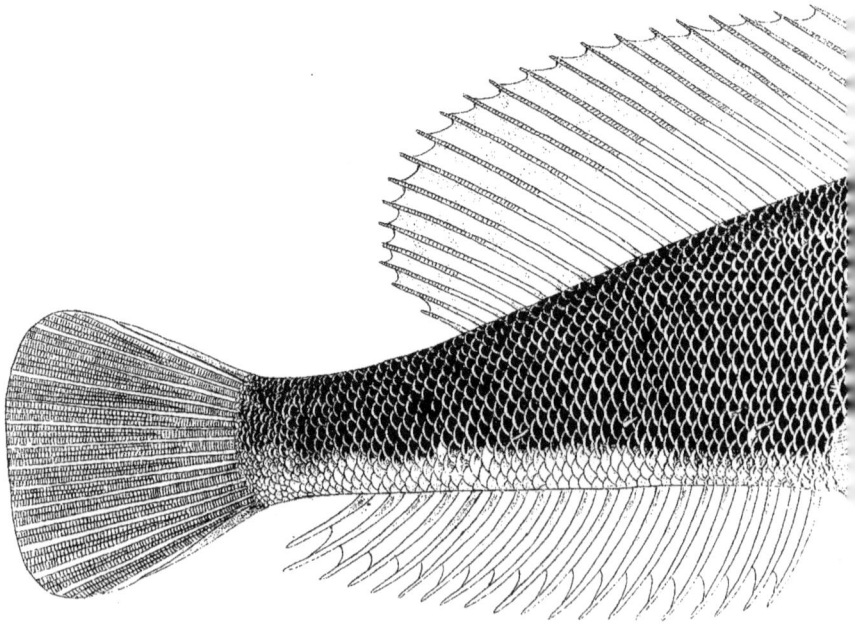

Angel del lith

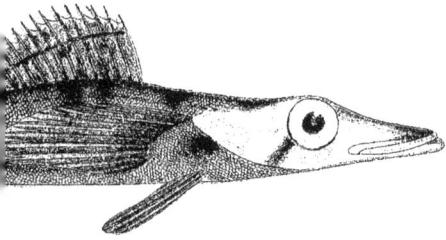

1

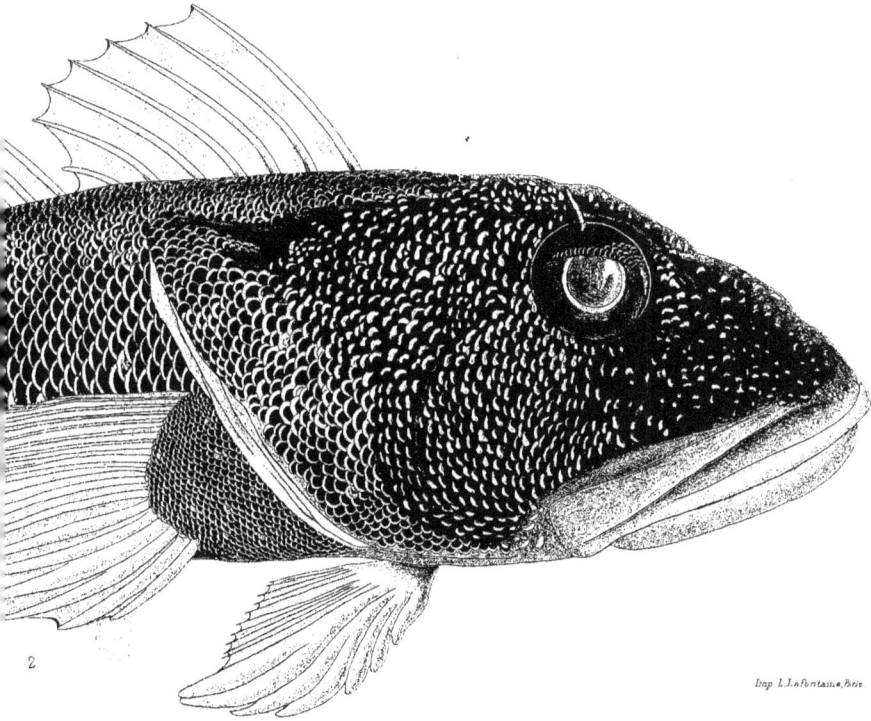

2

Imp. L.Lafontaine, Paris

ns.

diteurs

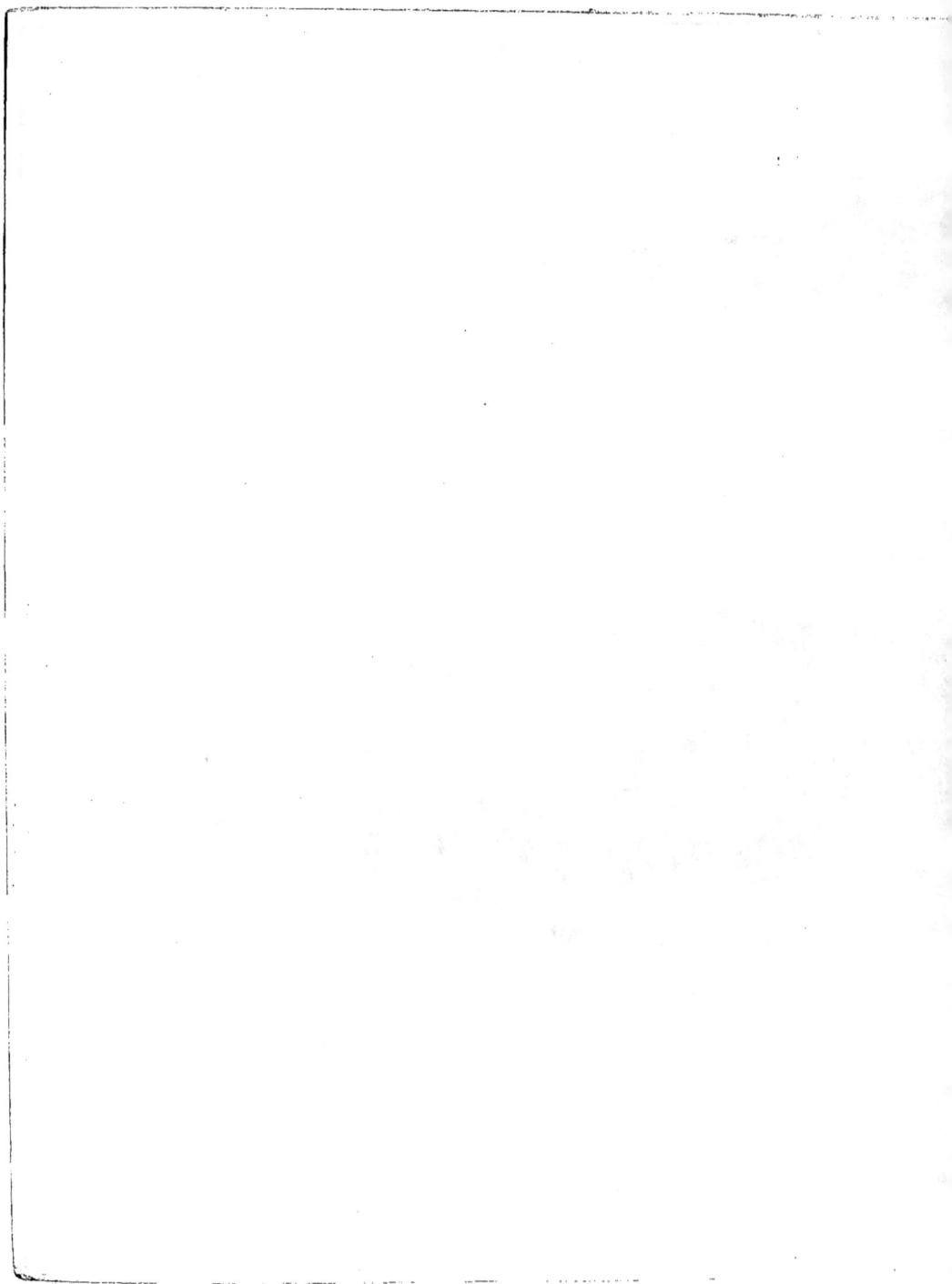

Pl. II

Deuxième Expédition Charcot. (L. Roule _ Poissons.)

1

2

3

3ᵇ.

3ᵃ.

Poissons.

Masson & Cⁱᵉ éditeurs

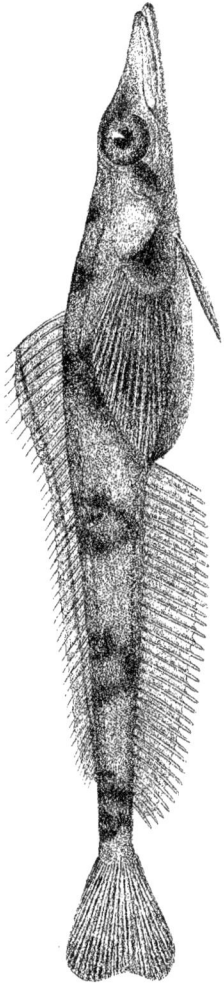

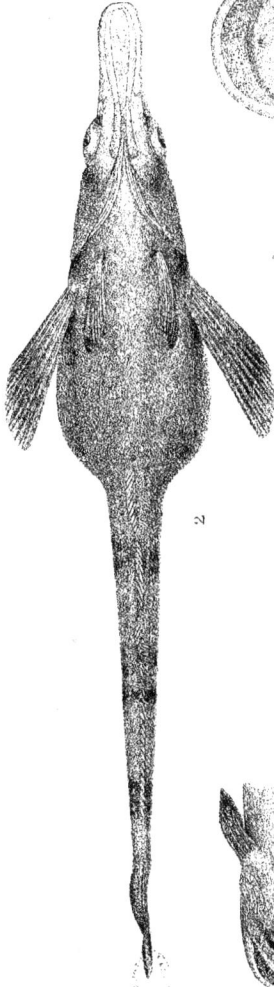

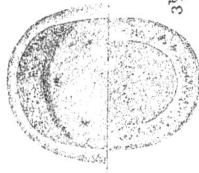

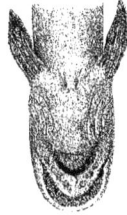

Angel del. lith.

Imp. L. Lafontaine, Paris.

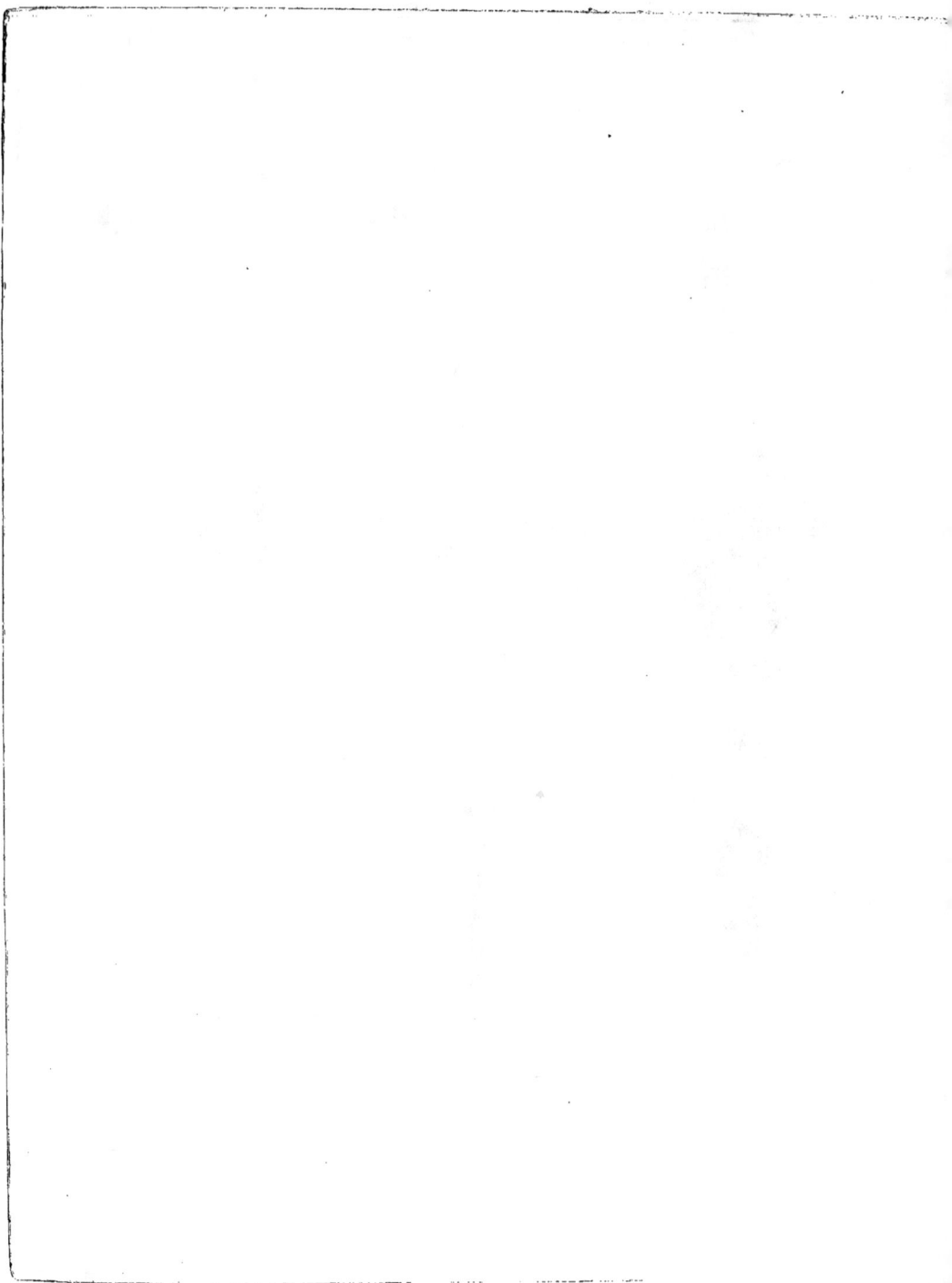

Pl. III.

Deuxième Expédition Charcot. *(L. Roule._ Poissons)*

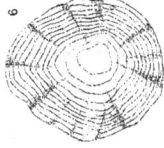

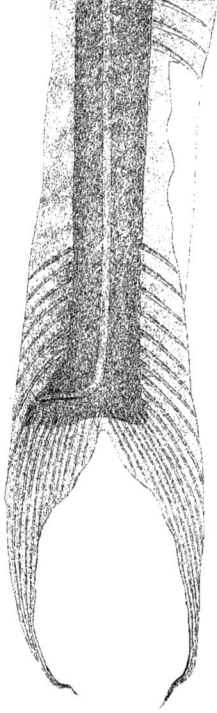

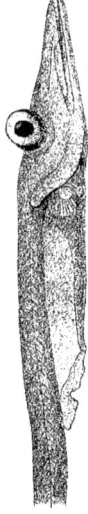

Angel del. lith.

Imp. L. Lafontaine, Paris.

Poissons

Masson & Cⁱᵉ éditeurs.

Pl. IV

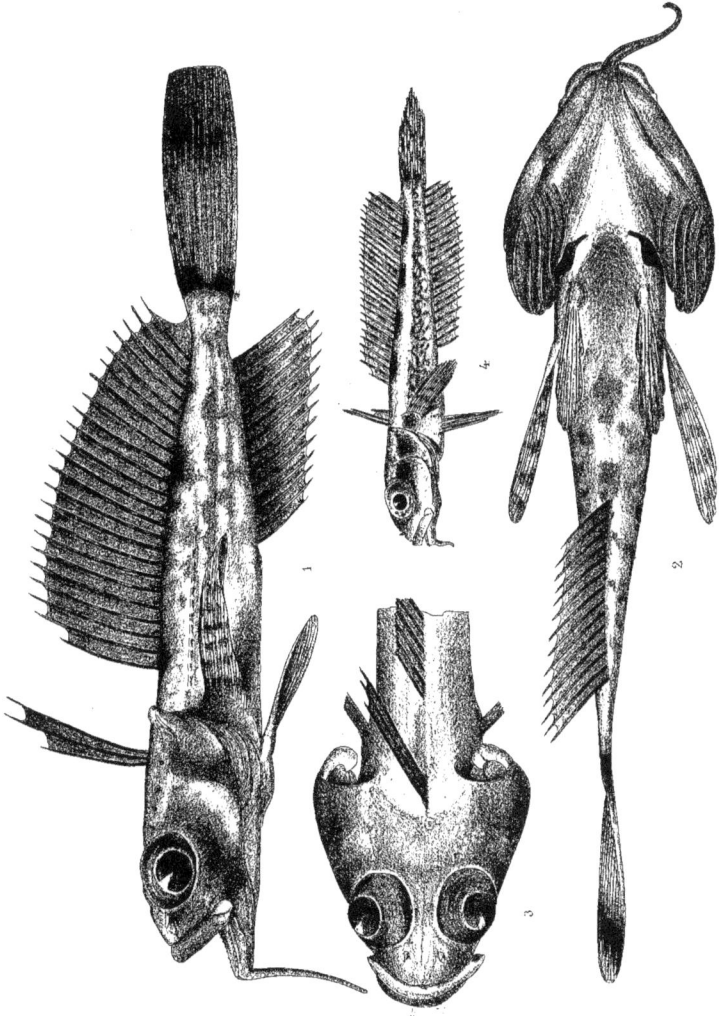

Poissons

Angel del. lith.

Imp. L. Lafontaine, Paris.

Masson & Cⁱᵉ éditeurs.

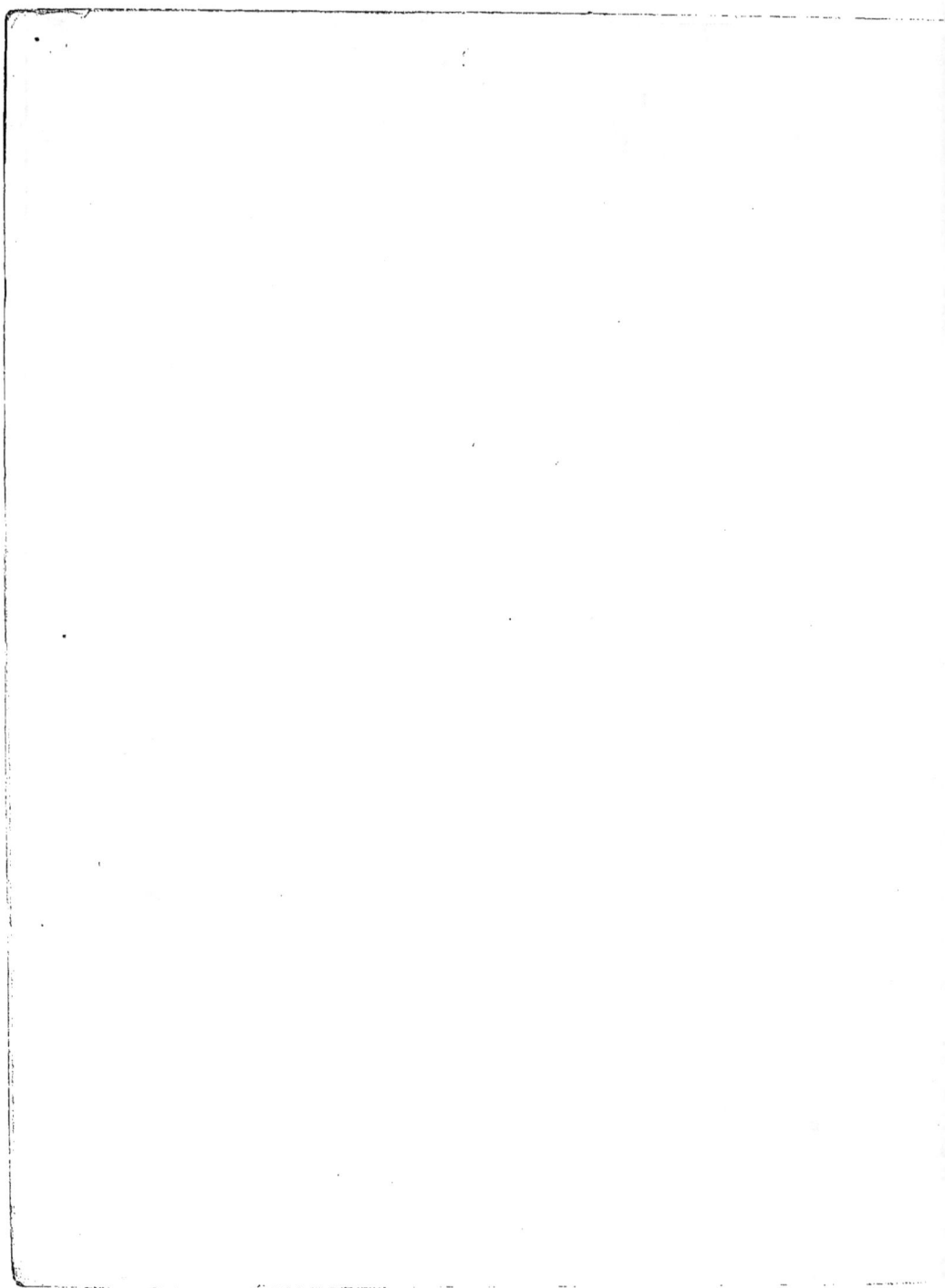

DEUXIÈME EXPÉDITION ANTARCTIQUE FRANÇAISE
(1908-1910)

Fascicules publiés en 1911

OBSERVATIONS MÉTÉOROLOGIQUES, par J. ROUCH.
1 fascicule de 200 pages (6 planches) . . . . . . 24 fr.

VERS . . . . Annélides Polychètes, par Ch. GRAVIER.
1 fascicule de 165 pages (7 planches) . . . . . . 24 fr.

MOLLUSQUES . . . Gastropodes prosobranches, Scaphopodes et Pélécypodes,
par Ed. LAMY.
Amphineures, par Joh. THIELE.
1 fascicule de 32 pages (1 planche) . . . . . . 6 fr.

Fascicules publiés en 1912

ÉCHINODERMES . . Astéries, Ophiures et Échinides, par R. KOEHLER.
1 fascicule de 270 pages (16 planches doubles) . . 34 fr.

BOTANIQUE . . . . Flore algologique, antarctique et subantarctique, par
L. GAIN.
1 fascicule de 218 pages (8 planches) . . . . . . 24 fr.

ÉTUDE SUR LES MARÉES, par R. E. GODFROY.
1 fascicule de 24 pages (1 planche) . . . . . . 16 fr.

Fascicules publiés en 1913

CRUSTACÉS . . . . Crustacés Isopodes, par H. RICHARDSON. Crustacés parasites,
par Ch. GRAVIER. Amphipodes, par Ed. CHEVREUX. Mallo-
phaga et ixodidæ, par L. G. NEUMANN. Collemboles, par
VANCE.
1 fascicule de 204 pages . . . . . . 16 fr.

RHIZOPODES D'EAU DOUCE, par E. PÉNARD.
1 fascicule de 16 pages . . . . . . 2 fr.

MÉLOBÉSIÉES . . . Révision des Mélobésiées antarctiques, par Mme PAUL
LEMOINE.
1 fascicule de 2 pages (1 planche) . . . . . . 7 fr.

POISSONS . . . . . Par L. ROULE, avec la collaboration de MM. ANGEL et R. DESPAX.
*1 fascicule de 52 pages (4 planches en gravure et
en couleur)* . . . . . . 8 fr.

4121. — Conseil. Imprimerie Gaché.